Brigitte Freund

Weihnachtssterne aus Papier

ENGLISCH VERLAG

Die Deutsche Bibliothek – CIP-Einheitsaufnahme
Weihnachtssterne aus Papier / Brigitte Freund. – Wiesbaden: Englisch, 1998
ISBN 3-8241-0840-2

ISBN 3-8241-0840-2

Titelbild: Frank Schuppelius
Herstellung: Michael Feuerer
Printed in Spain

Die Ratschläge in diesem Buch sind von Autorin und Verlag sorgfältig erwogen und geprüft, dennoch kann eine Garantie nicht übernommen werden. Eine Haftung der Autorin bzw. des Verlages und seiner Beauftragten für Personen-, Sach- und Vermögensschäden ist ausgeschlossen. Eine gewerbliche Nutzung der Vorlagen und Abbildungen ist verboten und nur mit ausdrücklicher Genehmigung des Verlages gestattet.

Inhaltsverzeichnis

Vorwort

Weihnachtssterne aus Papier eignen sich nicht nur für den Christbaum, sondern sind auch ein schöner Fenster- oder Wandschmuck, und auch als Tischdekoration geben sie jeder Weihnachtstafel ein festliches Aussehen.
Für die verschiedenen Sterne habe ich auch ganz unterschiedliches Papier wie z. B. Fotokarton, Tonpapier, Transparentpapier oder Glanzpapier verwendet, sodass Sie jedesmal eine völlig neue, faszinierende Wirkung erhalten. Neben den unterschiedlichen Papiersorten sind auch die Sternformen immer andere, so habe ich Sterne mit 6, 8 und 10 Zacken bis hin zu 12-zackigen Sternen gebastelt, zum Teil werden die Sterne mit zusätzlichen Motiven wie z. B. Schneemännern oder Mäuschen geschmückt, oder aber sie sind selbst Bestandteil eines größeren Sternenbildes.
Das Nacharbeiten der Sterne ist Dank des Vorlagebogens ganz einfach, Sie müssen nur die Motive übertragen, ausschneiden und zusammenkleben, sodass auch schon Kinder mitbasteln können.
Und nun wünsche ich Ihnen beim Weihnachtssternbasteln viel Vergnügen.

Brigitte Freund

Material und Werkzeug

Zum Basteln der Sterne benötigen Sie folgende Werkzeuge und Materialien:

- weißer Fotokarton (für alle Schablonen)
- farbiger Fotokarton, Tonpapier oder Wellpappe
- Pauspapier und farbiges Transparentpapier
- Bleistift und/oder Kugelschreiber
- Klebstoff
- Schere und Cutter
- Lineal
- Lochzange oder eine dicke Nadel
- Bindfaden
- Klebestreifen
- schwarzer Filzstift

Die Materialien, die zusätzlich für die einzelnen Motive benötigt werden, sind jeweils in den Anleitungen genau bezeichnet.

Bastelanleitung

Zum Übertragen der Motive sollten Sie sich Schablonen anfertigen. Zeichnen Sie zuerst mit Pauspapier die Vorlage vom Vorlagebogen ab und legen Sie das Pauspapier auf den weißen Fotokarton. Nun werden die Linien mit einem spitzen Bleistift oder Kugelschreiber nachgezogen, sodass sich auf dem Karton Rillen abzeichnen. Anschließend können die Schablonen ausgeschnitten werden. Sie können das Pauspapier mit den nachgezeichneten Motivteilen auch direkt auf den weißen Fotokarton kleben und dann die Schablone ausschneiden.

Legen Sie nun die Schablone auf den farbigen Fotokarton, zeichnen Sie die Umrisse mit einem Bleistift nach und schneiden Sie schließlich das Motiv aus. Wenn Sie Ihr Motiv auf Wellpappe übertragen wollen, sollten Sie die Schablone auf die glatte Rückseite der Wellpappe legen und dort den Umriss der Schablone nachfahren. Bei Wellpappe empfiehlt es sich, einen Cutter zu verwenden, da so die Schnitte sauberer auszuführen sind.

Um die Sterne aufhängen zu können, sollten Sie mit einer dicken Nadel oder mit einer Lochzange ein Loch in den Stern bohren, durch das Sie dann einen Faden ziehen können. Wenn Sie die Sterne als Fensterbilder verwenden möchten, können Sie sie auch mit Klebestreifen direkt ans Fenster kleben.

Sterne in Gold und Weiß

1. Großer Stern in Gold-Weiß

Material

- Fotokarton in Weiß und Gold
- Klebstoff und Schere

Anleitung

Fertigen Sie von den Sternen 4 Schablonen an und schneiden Sie jeden Stern einmal in Weiß und einmal in Gold aus. Nun werden die Sterne im Farbwechsel aufeinander geklebt.

2. Goldsternchen

Material

- Wellpappe in Weiß mit goldfarbenen Sternchen
- Goldkordel
- Cutter

Anleitung

Fertigen Sie von beiden Sternen eine Schablone an. Da die Sterne auf der Rückseite der Wellpappe anders angeordnet sind als auf der Vorderseite, ist es notwendig, die Schablone auf die Vorderseite zu legen. Achten Sie beim Ausschneiden darauf, dass die Umrisslinien anschließend sorgfältig wegradiert werden. Umspannen Sie nun die Sterne mit der Goldkordel und verknoten Sie diese auf der Rückseite.

3. Glockensterne

Material

- Tonpapier in Gold
- Wellpappe in Weiß mit goldfarbenen Streifen
- Goldkordel
- weiße Klebepunkte, 0,8 cm ∅
- Klebstoff, Cutter und Schere

Anleitung

Schneiden Sie den Stern sowie den Innenkreis aus Wellpappe aus. Die Glocke wird nun aus Tonpapier ausgeschnitten, als Klöppel wird am unteren Rand ein weißer Klebepunkt befestigt. Auf der Rückseite wird ein halber Klebepunkt gegengeklebt, sodass an der Klebefläche nichts haften kann. Zum Schluss wird mit der Goldkordel die Glocke in den Stern gehängt.

4. Sticker aus Wellpappe

Material

- ★ Wellpappe (W-Welle) in Gold
- ★ Bindfaden
- ★ Perlen in verschiedenen Farben, ca. 0,5 – 0,7 cm ∅
- ★ Holzstäbchen
- ★ Klebstoff, Cutter und Schere

Anleitung

Schneiden Sie für jeden Sticker zwei Sterne aus Wellpappe aus und schneiden Sie diese bis zur Sternenmitte einmal ein. Nun werden je zwei Sterne an den Einschnitten zusammengeschoben. Fädeln Sie für jeden Sticker eine Perlenkette mit 12 bzw. 16 Perlen auf, legen Sie sie über den Stern und binden Sie die Kette auf der Rückseite zusammen. Zum Schluss wird der Stern auf einen Holzstab geklebt.

5. Festliche Sterne

Material
- ★ Fotokarton in Gold
- ★ Wellpappe in Weiß mit goldfarbenen Streifen
- ★ weiße Perlen, 0,5 cm ∅
- ★ Klebstoff, Cutter und Schere

Anleitung

Linker Stern: Für diesen Stern benötigen Sie Schablonen von den Sternen 5A, 5B und 5C. Die Sterne 5B und 5C werden aus Wellpappe ausgeschnitten, der mittelgroße Stern aus Fotokarton. Kleben Sie den Stern aus Fotokarton versetzt auf den großen Stern aus Wellpappe und zum Schluss den kleinen Wellpappestern auf. Die Spitze des Fotokartonsterns wird schließlich mit Perlen versehen.

Mittlerer Stern: Fertigen Sie Schablonen der Sterne 5B, 5C, 5D und 5E an. Die Sterne 5C und 5E werden aus Fotokarton ausgeschnitten, die anderen aus Wellpappe. Auf den großen Stern aus Fotokarton wird nun der große Stern aus Wellpappe versetzt aufgeklebt, sodass unter zwei Wellpappespitzen eine lange Spitze aus Fotokarton zu sehen ist. Dann werden jeweils versetzt die kleinen Sterne aufgeklebt. Zum Schluss werden die Perlen auf die Spitzen der Fotokartonsterne aufgeklebt.

Rechter Stern: Für den rechten Stern benötigen Sie Schablonen von den Sternen 5A und 5B. Schneiden Sie den größeren Stern sowohl aus Wellpappe als auch aus Fotokarton aus und kleben Sie die Sterne versetzt aufeinander. Anschließend wird der kleine Stern aus Fotokarton aufgeklebt. Zuletzt werden die Sternspitzen des unten liegenden Sterns mit Perlen verziert.

6. Sternketten

Material
- ★ Tonpapier in Gold
- ★ Cutter und Schere

Anleitung
Fertigen Sie die beiden Schablonen an und falten Sie das Tonpapier jeweils dreimal. Übertragen Sie die Sterne auf das Papier und schneiden Sie zuerst die Umrisse aus, zuletzt wird der innere Stern mit dem Cutter herausgetrennt.

7. Nachtsterne

Material
- ★ Wellpappe in Weiß mit goldfarbenen Streifen
- ★ Cutter

Anleitung
Legen Sie die Schablonen der beiden Sterne auf die Wellpappe, übertragen Sie die Umrisse und schneiden Sie die Sterne mit dem Cutter aus. Der Innenteil des kleineren Sterns wird zuletzt herausgelöst.

Fensterbilder

8. Sternkerzen

Material

- Fotokarton in Gold, Weiß, Gelb, Orange, Rot, Grün und Blau
- Klebstoff und Schere

Anleitung

Fertigen Sie sich Schablonen an und schneiden Sie die Einzelteile in farbigem Fotokarton aus. Kleben Sie dann die Kerze auf den Stern, den Kerzenschein hinter die Kerze und die Flamme darauf. Hinter die Kerzenhalter können zusätzlich grüne Zweige geklebt werden.

9. Kerze mit Christstern

Material
- Fotokarton in Weiß, Rot, Grün und Gelb
- Wellpappe (W-Welle) in Gold
- 3 gelbe Markierungspunkte, 0,8 cm Ø
- schwarzer Filzstift
- Klebstoff, Cutter und Schere

Anleitung
Die beiden Sterne und der Ring aus Wellpappe werden mit dem Cutter ausgeschnitten, für die restlichen Teile können Sie die Schere verwenden. Kleben Sie nun die Blätter, die Blüte und die Kerze auf den Ring, den Blütenstempel bilden die 3 gelben Markierungspunkte. Zuletzt werden die goldenen Sterne aufgeklebt und der Docht der Kerze mit Filzstift aufgetragen.

10. Hängende Sterne

Material

- ★ Fotokarton in Weiß, Rot, Gelb und Grün
- ★ Wellpappe in Rot mit goldfarbenen Streifen
- ★ Goldkordel
- ★ Klebstoff, Cutter und Schere

Anleitung

Schneiden Sie alle Einzelteile aus, die Motive aus Wellpappe mit dem Cutter, die Motive aus Fotokarton mit der Schere. Anschließend werden die Kerzen hinter den Zweig geklebt. Umwickeln Sie nun die Sterne zwischen den Spitzen mit Goldkordel und verknoten Sie diese auf der Rückseite des Sterns. Zuletzt werden die Sterne entweder an den Zweig geklebt oder mit Goldkordel befestigt.

11. Schale und Kerzenhalter

Material
- ★ Fotokarton in Blau und Silber
- ★ Tonpapier in Silber
- ★ Wäscheklammern
- ★ Klebstoff und Schere

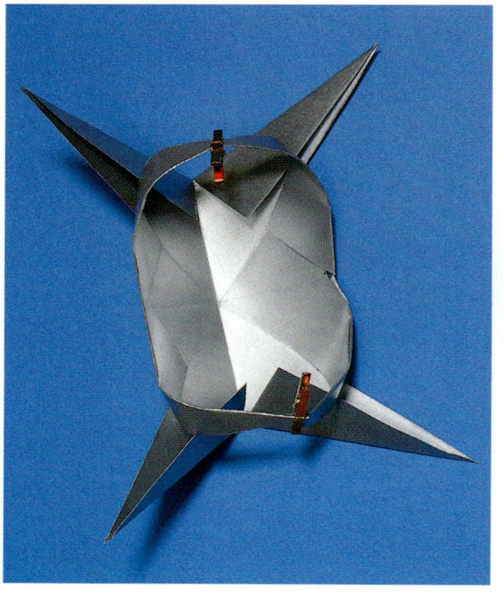

Anleitung
Schneiden Sie aus Tonpapier ein Quadrat von 16 x 16 cm Größe aus und falten Sie den Stern wie in der Zeichnung angegeben. Bringen Sie anschließend auf jeder Faltlinie von

der Mitte aus gesehen bei 4,5 cm eine Kennzeichnung mit Filzstift an.
Nun werden sämtliche acht Einschnitte bis zur Kennzeichnung geschnitten und die Spitzen dem Foto gemäß gefaltet. Je zwei Spitzen werden zusammengeklebt und mit Wäscheklammern fixiert. In die Mitte des Kerzenhalters können Sie einen Rest Fotokarton hineinkleben, sodass der Kerzenhalter mehr Stabilität erhält.
Schließlich werden die Klebestellen mit kleinen blauen Sternen aus Fotokarton verziert.

12. Kerzenständer

Material

★ Tonpapier in Gold und Silber
★ Wellpappe in Gold und Silber
★ Klebstoff, Cutter und Schere

Anleitung

Schneiden Sie für einen Kerzenständer beide Sterne aus und biegen Sie bei dem kleineren Stern aus Tonpapier die Enden der Sternspitzen nach oben. Nun werden beide Sterne aufeinander geklebt.

13. Winterlandschaft

Material
- ★ Fotokarton in Weiß und Blau
- ★ Tonpapier in Weiß
- ★ Klebstoff, Cutter und Schere

Anleitung
Fertigen Sie von allen Einzelteilen Schablonen an und schneiden Sie anschließend die Winterlandschaft mit dem Cutter aus, die beiden Sterne können mit der Schere ausgeschnitten werden. Kleben Sie zuletzt die Landschaft und den kleinen Stern auf den blauen Stern.

14. Schneemann

Material

- ★ Fotokarton in Gelb
- ★ Tonpapier in Weiß, Grün, Blau, Rot und Braun
- ★ schwarzer Filzstift
- ★ Klebstoff und Schere

Anleitung

Schneiden Sie alle Einzelteile aus, kleben Sie den Schneemann auf den Stern und darauf Schal, Besen, Hut, Vogel und Nase. Augen, Mund und Knöpfe werden schließlich mit schwarzem Filzstift aufgemalt.

15. Weihnachtsmäuse

Material
- Fotokarton in Gelb, Grau, Grün und Blau
- Goldband
- schwarzer Filzstift
- Klebstoff, Cutter und Schere

Anleitung
Schneiden Sie den Stern mit der Schere aus, die restlichen Teile werden mit dem Cutter ausgeschnitten. Kleben Sie nun die Maus zusammen und malen Sie das Gesicht mit Filzstift auf. Zuletzt werden kleine Fotokartonreste rechteckig zugeschnitten, mit Goldband umwickelt und an der vorderen Mauspfote festgeklebt.

16. Engel im Mond

Material
- ★ Fotokarton in Weiß,
- ★ Tonpapier in Weiß, Gelb und Helllila
- ★ Klebstoff, Cutter und Schere

Anleitung
Schneiden Sie den Stern aus Fotokarton mit der Schere aus, die Einzelteile aus Tonpapier können mit dem Cutter oder der Schere ausgeschnitten werden. Kleben Sie nun den Mond auf den Stern, darauf den Engel, dann die Haare auf den Kopf des Engels und schließlich den kleinen Stern auf die Hand.

17. Engel mit Posaune

Material
- ★ Fotokarton in Weiß
- ★ Tonpapier in Weiß und Gelb
- ★ Klebstoff, Cutter und Schere

Anleitung
Schneiden Sie den Stern mit der Schere aus und lösen Sie den Kreis mit dem Cutter aus dem Stern. Nun werden der Engel, die Haare und die Sterne aus Tonpapier ausgeschnitten und auf den Stern aufgeklebt.

18. Spatzen

Material

- ★ Fotokarton in Weiß und Braun
- ★ Regenbogenkarton
- ★ 2 weiße Klebepunkte, 0,8 cm ∅
- ★ schwarzer Filzstift
- ★ Klebstoff, Cutter und Schere

Anleitung

Schneiden Sie den großen sowie die 4 kleinen Sterne aus, ebenso den Zweig und die Vögel. Ordnen Sie nun die ausgeschnittenen Teile auf dem Stern an und kleben Sie sie fest. Die Augen bestehen aus weißen Klebepunkten, die mit einem schwarzen Filzstift-Punkt versehen werden.

Phantasievolle Sterne

19. Transparente Sterne

Material
- ★ Fotokarton in Schwarz
- ★ Transparentpapier in Blau, Gelb und Grün
- ★ Klebstoff, Cutter und Schere

Anleitung
Schneiden Sie mit dem Cutter die Sterne aus schwarzem Fotokarton aus und kleben Sie das farbige Transparentpapier dahinter. Achten Sie darauf, dass keine Klebestellen von vorne zu sehen sind.

20. Farbige Sterne

Material
- Fotokarton in Weiß, Rot und Gelb
- Klebstoff, Cutter und Schere

Anleitung
Schneiden Sie die Sterne aus Fotokarton aus, die Innenschnitte werden am leichtesten mit dem Cutter ausgeführt. Bei dem gelben Stern werden nur die Innenschnitte der Sternspitzen mit dem Cutter geschnitten, anschließend wird der Stern umgedreht und an der gestrichelten Linie werden die Zacken leicht angeritzt. Nachdem Sie den Stern wieder gedreht haben, werden die Sternzacken nach hinten gefaltet.

21. 3-D-Stern

Material
- ★ Fotokarton in Gold und Silber
- ★ Tonpapier in Gold und Silber
- ★ Klebstoff und Schere

Anleitung
Schneiden Sie aus gold- und silberfarbenem Fotokarton je einen Stern aus, aus dem gold- und silberfarbenen Tonpapier werden Quadrate zugeschnitten (Goldstern: Seitenlänge 15 cm; Silberstern: Seitenlänge 11,5 cm). Falten Sie nun diese Quadrate entsprechend der Zeichnung auf dem Vorlagebogen und schneiden Sie den goldfarbenen Stern viermal, von der Mitte aus gesehen, 4,5 cm ein, den silberfarbenen 3,3 cm.
Nun werden die Spitzen gefaltet, der Stern umgedreht und auf den flachen Stern aus Fotokarton aufgeklebt.

22. Sechsteiliger Stern

Material
- Goldpapier
- Lineal
- Klebstoff, Cutter und Schere

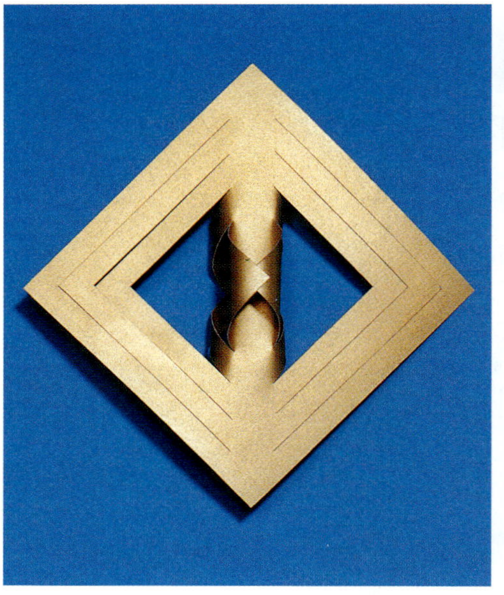

Anleitung

Schneiden Sie 6 Quadrate mit je 9 cm Seitenlänge aus und nehmen Sie die Einschnitte, wie auf dem Vorlagebogen vorgegeben, mit dem Cutter vor. Biegen Sie nun die beiden inneren Bänder nach vorne und kleben Sie diese zusammen. Die beiden folgenden Bänder werden nach hinten umgebogen und zusammengeklebt, die nächsten wieder nach vorne und so fort. Zum Schluss werden die 6 Ornamente zu einem Stern zusammengefügt und gut verklebt.

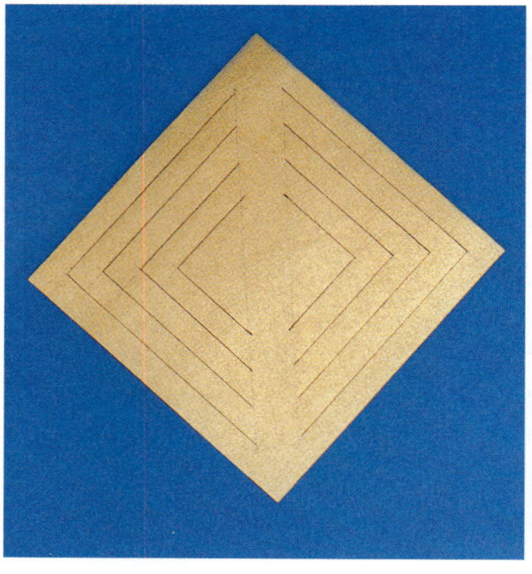

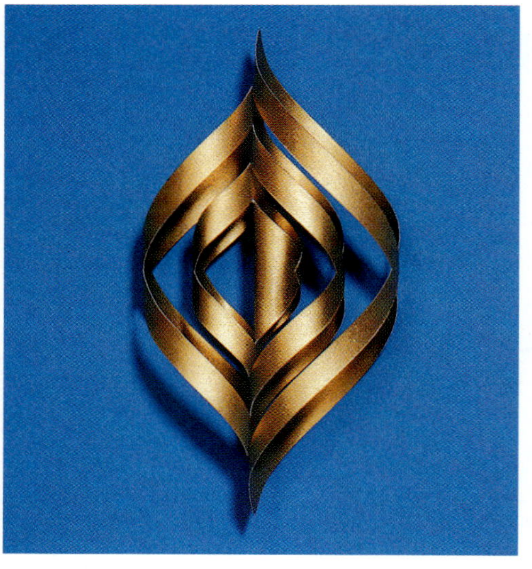

Bücher für Kreative

ISBN 3-8241-0761-9
Broschur, 32 S., Vorlageb.

ISBN 3-8241-0831-3
Broschur, 32 S., 2 Vorlageb.

ISBN 3-8241-0736-8
Broschur, 32 Seiten

ISBN 3-8241-0830-5
Broschur, 32 Seiten

ISBN 3-8241-0719-8
Broschur, 16 S., 3 Vorlageb.

Lust auf Mehr?

Liebe Leserin, lieber Leser,

natürlich haben wir noch viele andere Bücher im Programm. Gerne senden wir Ihnen unser Gesamtverzeichnis zu. Auch auf Ihre Anregungen und Vorschläge sind wir gespannt. Rufen Sie uns einfach an oder schreiben Sie uns.

Englisch Verlag GmbH
Postfach 2309 · 65013 Wiesbaden
Telefon 06 11/9 42 72-0 · Telefax 06 11/9 42 72-30